全国执业兽医资格考试推荐用书

执业兽医资格考试
考点突破
（兽医全科类）

综合应用科目
2025年

中国兽医协会　组编

陈明勇　编

机械工业出版社

本书由中国兽医协会邀请国家执业兽医资格考试资深培训专家陈明勇博士精心编写而成。全书紧密围绕考试大纲要求的知识点，采取思维导图、考点精讲与试题解析的形式，结合十余年考题的特点，深度剖析考试大纲核心考点，浓缩精华内容，助力考生精准锚定复习要点。

本书内容全面，重点突出，具有很强的针对性，条目清晰，重在提高考生的分析能力和判断能力，加深知识理解和记忆，强化学习效果，提高实战水平，适合动物医学相关专业专科和本科在校生以及已参加工作的人员备考使用。

图书在版编目（CIP）数据

执业兽医资格考试考点突破（兽医全科类）综合应用科目. 2025年 / 中国兽医协会组编 ；陈明勇编. 北京 ：机械工业出版社, 2025. 4. -- (全国执业兽医资格考试推荐用书). -- ISBN 978-7-111-78163-9

Ⅰ. S85

中国国家版本馆 CIP 数据核字第 2025047A3A 号

机械工业出版社（北京市百万庄大街22号　邮政编码100037）

策划编辑：周晓伟　高　伟　　责任编辑：周晓伟　高　伟　章承林　刘　源

责任校对：陈　越　张　薇　　责任印制：单爱军

保定市中画美凯印刷有限公司印刷

2025年5月第1版第1次印刷

184mm × 260mm・14.75印张・365千字

标准书号：ISBN 978-7-111-78163-9

定价：69.80 元

电话服务	网络服务
客服电话：010-88361066	机　工　官　网：www.cmpbook.com
010-88379833	机　工　官　博：weibo.com/cmp1952
010-68326294	金　书　网：www.golden-book.com
封底无防伪标均为盗版	机工教育服务网：www.cmpedu.com

编审委员会

序

兽医，即给动物看病的医生，这大概是兽医最初的定义，也是现代民众对兽医的直观认识。据记载，兽医职业行为最早可以追溯到3800多年前。在农耕社会，兽医的主要工作内容以治疗畜禽疾病为主；20世纪初到20世纪80年代，动物规模化饲养日益普遍，动物传染病对畜牧业发展构成了极大威胁，控制和消灭重大动物疫病成为这一时期兽医工作的主要内容；20世纪末至今，动物饲养规模进一步扩大，集约化程度进一步提高，动物产品国际贸易日益频繁，且食品安全和环境保护问题日益突出，公共卫生问题越来越受关注，社会对兽医职业的要求使得兽医工作的领域不断拓宽，除保障畜牧业生产安全外，保障动物源性食品安全、公共卫生安全和生态环境安全也逐渐成了兽医工作的重要内容。

社会需求多元化引发了兽医职业在发展过程中的功能分化，兽医专业人员的从业渠道逐渐拓宽，承担不同的社会职责，因而，兽医这一古老而传统的职业在当下社会中并未随着工业化、信息化进程的加速而衰落，相反以强劲的发展势头紧跟时代的脚步。

我国社会、经济的发展对兽医的要求不断提高，兽医职业关系公共利益，这种职业特性决定了政府要规定从事兽医工作应具备的专业知识、技术和能力的从业资格标准，还要规定实行执业许可（执照）管理。2005年，在《国务院关于推进兽医管理体制改革的若干意见》（国发〔2005〕15号）中，第一次提出“要逐步推行执业兽医制度”。随后，在2008年实施的新修订的《中华人民共和国动物防疫法》中，明确提出“国家实行执业兽医制度”，以法律的形式确定了执业兽医制度。农业部（现农业农村部）高度重视执业兽医制度建设，颁布实施了《执业兽医管理办法》和《动物诊疗机构管理办法》，于2009年在吉林、河南、广西、重庆、宁夏五省（区、市）开展了执业兽医资格考试试点工作，并于2010年起在全国推行。通过执业兽医资格考试成为兽医取得执业资格的准入条件。

通过执业兽医资格考试，确保从事动物诊疗活动的兽医具备必要的知识和技能，具备正确的疫病防控知识和技能，有助于动物疫病的有效控制，同时也是与国际接轨、实现相互认证的需要，便于国际上兽医资格认证和动物诊疗服务的相互认可。随着当前我国畜牧业极大繁荣、宠物行业迅猛发展、动物疫病日益复杂以及公共卫生备受关注，对兽医专业人才的需求量加速增长。中国兽医协会作为国家级兽医行业协会，促进兽医职业更专业化，助力执业兽医的培养责无旁贷。

为帮助考生更好地应对执业兽医资格考试，中国兽医协会组织权威专家，依据考试大纲要求，于 2010 年开始组织编写执业兽医资格考试指南，为众多考生高效复习、备考、应试提供了全面系统的指引。光阴荏苒，“全国执业兽医资格考试推荐用书”系列焕新升级，将继续成为考生们的备考宝典。

我相信，“全国执业兽医资格考试推荐用书”系列图书的出版将对参加全国执业兽医资格考试考生的复习、应试提供很大帮助，将积极推动执业兽医人才培养、提升行业整体素质，进而为提高畜牧业、公共卫生和食品安全保障水平奠定坚实基础。我们期待通过本丛书，推动执业兽医队伍建设，为行业的发展和社会的进步贡献力量。

陈焕春
中国工程院院士
中国兽医协会会长
华中农业大学教授

前　言

依据《中华人民共和国动物防疫法》和《国务院关于推进兽医管理体制改革的若干意见》相关要求以及《执业兽医管理办法》规定，我国于2009年1月1日起实行执业兽医资格考试制度。为帮助考生更好地应对执业兽医资格考试，中国兽医协会组织权威专家，依据考试大纲要求，于2010年开始组织编写执业兽医资格考试指南，为众多考生高效复习、备考、应试提供了全面系统的指导。随着科技的发展，考生的学习习惯和考试形式发生了很大的变化。为了适应现在的备考环境和考试形式，中国兽医协会与机械工业出版社展开合作，将“全国执业兽医资格考试推荐用书”系列焕新升级，使其更直击考点，以提升考生的备考效率。

《执业兽医资格考试考点突破（兽医全科类）综合应用科目2025年》包括猪病，禽病，牛、羊病，犬、猫病，其他动物疾病5个部分的考点，具有以下特点：

思维清晰：每章开篇设有思维导图，对该章知识点进行梳理。

考点精讲：针对每一个考点进行精讲（高频考点），便于考生理解、掌握。

试题解析：考点下面配有试题及解析，强化考生对考点的掌握。

重点突出：采用双色印刷，对重点内容进行突出处理，利于考生掌握重点。

参加执业兽医资格考试的考生教育背景不同，基础各异，在复习考试时可以根据自己的情况灵活处理，但是对于本考点突破所列考点则均应掌握或熟悉，这是迎接执业兽医资格考试的基本要求。

本书力求体现指导性和实战性的特点。由于编者水平有限，时间仓促，书中难免存在错误和不妥之处，敬请广大读者和同仁不吝赐教，以便再版时修正提高。

中国兽医协会

目 录